AF460540

FORÊTS DE LA BAROUSSE

(HAUTES-PYRÉNÉES)

RAPPORT

DRESSÉ EN DÉCEMBRE 1866

PAR

M. J.-O. TOURNIER.

MONTDIDIER

TYPOGRAPHIE RADENEZ

1867

A MONSIEUR PASCALLET

Après un séjour de deux mois près des Forêts de la Barousse, j'ai établi, en forme de Rapport, le résultat de toutes mes excursions et coordonné les observations et appréciations qui en ont été la conséquence.

Je m'empresse de vous adresser ce travail dans l'espoir qu'il pourra vous être utile, en vous fournissant une nouvelle attestation raisonnée sur les ressources et les richesses de ces vastes forêts.

Ce Rapport ne saurait contenir les aperçus érudits d'un ingénieur, ni les constatations détaillées d'un expert, mais il résumera toutes les questions qui se rattachent à ce Domaine, en essayant de compléter tous les rapports partiels qui ont été faits à ce sujet. Puis il vous redira, sans exagérer le bien, ni dissimuler le mal, les réflexions pratiques d'une personne intéressée à considérer cette affaire sous ses aspects les plus étendus et les plus vrais.

RAPPORT

SUR LE

DOMAINE FORESTIER DE LA BAROUSSE

NOTES PRÉLIMINAIRES

PRINCIPAUX FAITS HISTORIQUES ET JUDICIAIRES.

SITUATION DU DOMAINE.

Originairement, on avait donné le nom de LA BAROUSSE, à la vallée et aux montagnes qui forment aujourd'hui le canton entier de Mauléon-Barousse, arrondissement de Bagnères (Hautes-Pyrénées). — On distinguait la *Haute* et *Basse-Barousse*. La première s'étendait depuis les hauteurs du pic d'Antenac et de la montagne de Monné, au sud, jusqu'au territoire de Mauléon, inclusivement, au nord. La seconde occupait le reste de la vallée depuis le Mont-Sacon jusqu'aux limites de la commune de St-Bertrand-de-Comminges.

LA BAROUSSE était divisée en deux baronnies : celle de Mauléon et celle de Bramevaque — chacun des deux barons était seigneur haut-justicier en sa terre et baronnie. Ils possédaient *indivisément*, la presque totalité des montagnes, forêts et vacants compris dans la Haute et Basse-Barousse.

— En 1793, la baronnie de Mauléon appartenait au marquis de Luscan, qui l'avait acquise en 1771 ; — celle de Bramevaque avait été donnée au Roi par le baron de ce nom et dépendait des domaines royaux.

A cette époque, M. de Luscan émigra et ses biens furent en grande partie vendus au profit de l'État. Toutefois les montagnes et forêts de la Barousse échappèrent à l'aliénation ; comme l'Etat était co-propriétaire et que les communes de la vallée y avaient des droits d'usage, ces forêts furent conservées et administrées par l'Etat, en l'absence de M. de Luscan.

En 1813, le Gouvernement ayant ordonné la vente d'un grand nombre de forêts royales, celles de la Barousse y furent comprises. — Les communes de la vallée prétendirent alors en être seules propriétaires.

Le domaine de l'État et les communes firent valoir leurs prétentions respectives ; M. de Luscan intervint ; une longue instruction eut lieu ; puis enfin, par une Ordonnance royale du 18 avril 1821 et une Décision du Conseil d'Etat du 9 mai 1832, la contestation fut renvoyée devant les tribunaux.

Et le 30 août 1834, le tribunal de Bagnères prononça un jugement déclarant que ***les Montagnes, Forêts et Vacants de la Barousse appartenaient par*** *indivis, en toute propriété, à l'État et aux Héritiers de Luscan, sauf les droits d'usage des communes.*

La Cour de Pau confirma le 26 février 1839, le premier jugement, exceptant néanmoins *les Vacants* (terrains vagues, landes et rochers), dont elle attribua la propriété aux communes, et elle ordonna la délimitation des forêts et des vacants.

Par procès-verbal d'experts cette délimitation fut commencée le 10 septembre 1843 et achevée plus tard.

Puis, le partage des forêts de la Barousse jusque-là indivises, eut lieu entre l'État et la famille De Luscan, par procès-verbal d'experts, homologué par jugement de Bagnères, du 5 août 1850.

Enfin, les héritiers De Luscan firent le partage de ce qui leur avait été attribué dans lesdites forêts et par procès-verbal du 13 avril 1855, déposé en l'Étude de Mᵉ Puig, Notaire à l'Isle-en-Jourdain (Gers), un lot de **dix-huit cent quatre-vingt-trois hectares de Forêts,** évalué par les experts judiciaires, à la somme de **cinq cent quatre-vingt-seize mille francs,** fut attribué à la *Branche cadette De Luscan.*

Celle-ci en fit la vente à M. l'abbé Heuqueville, curé à Paris et à M. Pascallet, propriétaire, suivant acte passé devant ledit Mᵉ Puig, le 4 février 1862.

Depuis cette époque, M. Heuqueville a intenté plusieurs procès contre M. Pascallet, son associé, et l'issue en a été entièrement favorable à ce dernier. — Il en sera parlé plus amplement au Chap. V.

Les forêts vendues par la branche cadette De Luscan, composent le *Domaine forestier* dont il sera ici question. — Il occupe la partie orientale des forêts de la Barousse et s'étend sur les communes de Saléchan, Thébe, Samuran, Esbareich, Sost, Ferrère, Cazarilh et Mauléon-Barousse.

— La description en sera faite au Chap. III.

Les questions à étudier seront divisées de la manière suivante :

I. Les Marbres.

II. Les Mines.

III. Les Bois.

IV. Le Cantonnement.

V. Exploitation des Bois. — Traité des 300,000 Traverses.

VI. Droits attachés au Domaine.

VII. Conclusion.

I — LES MARBRES

Il existe dans les *Forêts de la Barousse*, provenant de la branche cadette De Luscan, de nombreuses carrières ou gisements de Marbres divers que l'on peut classer suivant leur valeur, en *Marbres blancs* et *Marbres de couleur* :

1° MARBRES BLANCS.

Les Marbres blancs de Sost ont été l'objet d'exploitations fort anciennes.

1° Carrière des Molles. — M. Virlet d'Aoust, ingénieur des mines, dont la haute capacité est incontestable, a dit, dans un Rapport très-détaillé, mais limité à quelques questions seulement, et dont j'aurai beaucoup à parler ici, avoir visité sur le flanc méridional du *Mont-làs*, une carrière de Marbre blanc qu'il apprécie dans ces termes :

« Il existe encore sur la propriété, au lieu dit « *les Molles*, sur le territoire de la commune de Sost, « UNE TRÈS-BELLE CARRIÈRE DE MARBRE BLANC d'une » époque géologique beaucoup plus récente que celle « du Griotte...

« Le Marbre en est d'un très-beau grain, d'un blanc « mat assez voisin de l'ivoire et a beaucoup d'analogies avec certaines variétés de Marbres de Car« rare et de Luni. »

J'ai vu au pied de la montagne des débris éboulés de la carrière et ils m'ont paru bien confirmer la définition que je viens de transcrire.

— Malheureusement, cette carrière qui devait faire partie plus tard de la propriété de Mesdames de Luscan, après le partage des forêts de Barousse avec l'État, fut comprise comme *vacant* dans la part attribuée aux communes par suite de la délimitation qui eut lieu après l'arrêt du 26 février 1839.

On pense généralement que cette délimitation peut être révisée parce qu'elle a été faite uniquement à la requête de l'État, seul détenteur alors de toutes les forêts de la Barousse, sans le concours ni la participation des héritiers de Luscan, ses co-propriétaires. Les experts actuels près le tribunal civil de Bagnères, m'ont dit que ce ne pouvait être que par erreur que le sol renfermant cette carrière avait été considéré comme *vacant*.

Si la révision de cette délimitation peut avoir lieu, les Propriétaires auront grand intérêt à l'obtenir, car cette carrière de marbre blanc bien exploitée, peut donner lieu à de sérieux bénéfices.

Le marbre blanc statuaire, en effet, se vend à Paris, *mille francs* le mètre cube, quand il est sans défauts, et *huit cent cinquante francs* seulement, quand les blocs sont d'une blancheur nuancée et variable.

Or, quels que soient les frais d'extraction et de transport, on pourrait sûrement entreprendre l'exploitation des marbres de cette carrière ; car bien que située sur le flanc de la montagne à une hauteur assez élevée, il serait facile d'établir, comme aux carrières de St-Béat, placées dans la même position, un mode de glissoir peu coûteux, qui ferait descendre les blocs sur le chemin public qui passe dans la vallée.

2. **Autres Gisements.** — Les marbres blancs n'ont encore été découverts et exploités dans la Propriété que sur ce point, mais il est bien à présumer que l'on en retrouverait en d'autres endroits.

Par exemple, en face de la carrière en question, sur le versant correspondant de la montagne située à l'est de la vallée, au quartier dit : *le Pic du Tez*, le sol paraît être de même structure et formation que le précédent, et peut contenir également du marbre blanc. Je ferai observer que ce quartier a été maintenu dans le domaine.

3. **Modes d'exploitation.** — M. Virlet a dit que pour exploiter ces marbres, il fallait un grand capital, fonder une scierie, établir des dépôts, et faire fabriquer des objets d'art, etc. etc.

C'est un *premier mode* d'exploitation inadmissible et impraticable.

Inadmissible, parce qu'il faudrait que les Propriétaires des forêts de la Barousse eussent l'intention d'exercer eux-mêmes le commerce de marbriers-fabricants, et que les soins qu'ils devront donner à l'exploitation et aménagement des bois ne leur permettront en aucune façon d'entreprendre ce commerce de détail. Ce serait sacrifier le principal à l'accessoire ;

Impraticable, parce que, selon les expressions de M. Virlet, ce serait une entreprise fort coûteuse et très-difficile, cette industrie exigeant des connaissances spéciales, et parce que l'on aurait à lutter avec des chances de pertes incontestables, contre la concurrence déjà établie.

Le ***second mode*** d'exploitation serait, a-t-on dit, d'affermer ces carrières, moyennant un loyer annuel.

Je ne puis partager cet avis. Le prix des fermages de carrières a été jusqu'à ce jour dérisoire. — La commune avait loué celles des Molles, il y a quelques années, moyennant 160 à 200 francs par an, chiffre absurde, quand on le compare à celui qui est payé par la société fermière des carrières de St-Béat, et qui est lui-même insignifiant, eu égard à la quantité considérable de marbres blancs extraits de ces carrières.

Je crois donc que ***le mode d'exploitation le plus avantageux***, consisterait à faire débiter le marbre EN BLOCS, et à les vendre par mètres cubes aux marbriers, mais autres que ceux de Bagnères et des Pyrénées, et de préférence à ceux de Paris, ou de quelqu'autre grande ville, car ayant l'occasion d'en tirer un meilleur parti, ceux-ci peuvent les payer plus cher.

Rien ne s'opposerait à ce que les Propriétaires eux-mêmes entreprissent ce système d'exploitation des marbres. — Les avances de fonds à faire seraient faciles; le travail consisterait à établir des relations avec les marbriers des grandes villes, et les revenus qu'on en recueillerait seraient remarquables.

4° **Bénéfices.** — Si on demande le chiffre approximatif de ces revenus, on peut répondre qu'il faudrait connaître l'étendue du gisement et ses qualités.

Néanmoins, en prenant pour base le prix de vente le plus minime et le maximum des frais, on peut faire le calcul suivant:

Admettons l'exploitation de marbres blancs de qualité très-inférieure, ne pouvant servir que pour ***marbres décoratifs***, et ne valant que 700 francs le mètre cube. — Supposons en outre qu'on ne puisse extraire que 60 mètres cubes par an (7 mètres environ par mois, en ne comptant que huit mois de travail dans l'année, quatre mois d'hiver déduits), et portons le chiffre des frais d'extraction à 60 francs, et ceux de transport jusqu'à Paris à 140 francs, soit 200 *francs par mètre cube.*

On ne saurait faire des suppositions plus défavorables et limiter davantage le bénéfice, et, pourtant, on arriverait à encaisser 30,000 FRANCS NETS *par an.*

2° MARBRES DE COULEUR.

Les plus remarquables sont :

1° Le marbre dit : ***Vert de Moulin*** & ***Rouge de Moulin.***

2° Le marbre dit : ***Griotte des Pyrénées;***

3° Le marbre dit : ***Héréchède;***

4° Et plusieurs autres marbres dont il sera parlé en dernier lieu.

I. **Marbre Vert de Moulin.** — Il est difficile de dire en combien d'endroits il existe ou peut exister de ces marbres dans la Propriété, mais j'en ai rencontré plusieurs fois dans mes courses, et notamment au quartier dit ***Condaux***, où une carrière est ouverte. J'en ai emporté des échantillons que j'ai comparés plus tard avec ceux qui sont employés par les marbriers-fabricants de Bagnères, et je les ai trouvés très-supérieurs à tous ceux que j'ai vus, tant par la vivacité de la couleur verte, que par la régularité et l'abondance des taches rouges lie-de-vin, qui en constituent la beauté.

Ce marbre se vend à Paris 720 FRANCS le mètre cube,

et à Bagnères 250 *francs* environ aux grands fabricants.

Je regrette que M. Virlet d'Aoust, ait dit que M. Géruzet, le principal fabricant-marbrier de Bagnères, ne paie que 48 francs sur place, et 118 francs rendus à Bagnères, les marbres de Bramevaque et de Troubat, car, il a établi une comparaison désavantageuse. — Les marbres de Troubat sont, en effet, inférieurs à ceux de Sost. Ils sont d'un gris terne, et sans éclat, qui doit diminuer leur valeur, et, néanmoins, on les achète ***aujourd'hui*** à Paris, sous le nom de ***Brèche-Grise, dite de Troubat,*** 670 francs le mètre cube.

— D'où vient cette disproportion extrême entre les prix d'achat à Bagnères, et à Paris? Je vais en donner l'explication dans les OBSERVATIONS suivantes, qui sont applicables à tous les marbres des Pyrénées.

La première est que dans ces contrées il n'y a que deux sortes de gens qui exploitent le marbre.

Les uns sont de pauvres ouvriers du pays qui usent, soit des carrières appartenant à la commune et à laquelle ils paient une redevance, soit des carrières qu'ils ont usurpées sur les domaines avoisinants.

Dans leur exploitation très-restreinte, ils ne connaissent d'autre débouché pour la vente de leurs extractions, qu'en traitant avec des marbriers des environs. — Ceux-ci profitant de l'énorme concurrence qui existe parmi les producteurs, ne leur paient leurs marbres qu'à un prix très-inférieur au cours actuel en France.

L'autre classe des exploitants est celle des marbriers-fabricants de la contrée. Ils prennent des carrières en location moyennant un loyer annuel si faible (120 à 160 francs), qu'on peut aisément comprendre pourquoi ils achètent les marbres des exploitants du pays à si bas prix.

Presque tous les marbres des Pyrénées passent donc par leurs mains, et quand ils vendent, à leur tour aux marbriers de Paris, ils ont à prélever :

1° Leur prix d'achat ;

2° Les frais de transport dans leurs magasins;

3° La valeur des détériorations ou des brisements survenus à une partie de leurs marchandises dans tous ces maniements ;

4° Leur gain personnel ;

5° Les frais, enfin, d'expédition pour Paris.

Tout cela rend, certes, moins étonnante la disproportion de prix dont j'ai parlé.

Il en résulte donc que si des propriétaires de très-belles et très-riches carrières de marbre ouvraient eux-mêmes des relations commerciales directement avec les marbriers de Paris, Toulouse ou Bordeaux, ils en tireraient un profit beaucoup plus grand, qu'en les vendant aux marbriers des Pyrénées.

— Examinons, au surplus, quels peuvent être les *frais d'expédition* jusqu'à Paris :

Les chemins de fer ont basé leurs prix de roulage par la petite vitesse, d'après le poids de la marchandise combiné avec le volume d'emplacement qu'elle occupe; donc, plus une matière est lourde intrinsèquement, plus les prix de transport sont abaissés.

De Montréjeau à Paris, par la petite vitesse, on ne paie certainement pas pour le marbre plus de 10 *francs* les 100 kilog., et d'un autre côté, un mètre cube de marbre ne pèse pas une tonne, soit : 1000 kilog.; les frais s'élèveraient donc à peine à 100 *francs*.

Ajoutons 30 *francs* pour le transport jusqu'à Montrejeau. — Les calculs seront faits sur une large échelle, et l'on aura à peine atteint le chiffre total de 130 francs de transport par mètre cube.

— *La seconde observation* est que depuis 1862, époque du rapport de l'honorable M. Virlet, ce commerce des marbres s'est grandement modifié, comme, d'ailleurs, il s'accroît et s'améliore chaque jour.

Les Marbres des Pyrénées n'avaient autrefois aucun débouché; pour les transporter, il fallait subir des frais de roulage très-onéreux. Les chemins de fer les font parvenir actuellement jusqu'aux pays les plus lointains avec plus de facilité et d'économie.

Ce commerce est donc appelé à prendre des développements nouveaux quand le réseau des lignes du chemin de fer du Midi sera achevé. Voici, en effet, ce qu'on lit dans le *Guide aux Pyrénées* de Richard :

« Les Marbres forment (au Musée Saint-Bertrand) « une série spéciale, riche et importante, d'autant plus « que l'usage et les applications du Marbre prennent « une telle extension que la marbrerie sera bientôt « l'objet d'exploitation la plus considérable des Pyré- « nées. »

Aujourd'hui, n'emploie-t-on pas le marbre comme principal ornement des riches mobiliers modernes, et Paris, qui ne comptait, il y a dix ans, que 50 ou 60 marbriers, n'en voit-il pas le nombre actuel porté à plus de 400, inscrits dans l'almanach des adresses?

II. **Marbre Griotte des Pyrénées.** — Plusieurs variétés appartiennent à cette seconde catégorie :

J'ai remarqué particulièrement : le *Griotte* proprement dit, dont la couleur rouge sang-de-bœuf avec des nervures blanches, est du plus riche effet.

Il vaut à Paris 670 *francs* le mètre cube.

Le *Rosé-vif*, dont les couleurs tendres le rendent très-estimable, et dont le prix, aussi à Paris, est de 720 *francs*.

Tous les marbres *Griotte* se trouvent en quantités considérables dans la Propriété, et notamment au lieu dit: *les Poupets* et *le Cubourras* où ils ont déjà été exploités, ce qui a établi leur réputation comme étant les plus riches en couleurs de toute la vallée de la Barousse.

Ils y constituent d'énormes rochers apparents, qui renferment, dit-on, plus de vingt espèces différentes de Marbres.

Je suis persuadé qu'ils valent bien en moyenne 700 *francs* le mètre cube, et que leur exploitation serait d'autant plus facile qu'un chemin communal borde la montagne qui les renferme.

— On les revoit dans le quartier *de Cuvieille*, où ils servent de lit à un ruisseau qui permet d'apprécier plus facilement la vigueur et la richesse de leurs teintes.

— On les retrouve encore au quartier dit *Cabiroulères*; là, j'ai examiné des fragments de marbre *Griotte*, très-remarquable dans sa structure. Il se compose de diverses couleurs (blanc, rose, gris, rouge très-brun), disposées tantôt en filets, tantôt en masses unies et se détachant les unes des autres brusquement et sans transition, qualités qui, dans mon appréciation, le placent au premier rang.

III. **Marbre Héréchède.** — Ce Marbre, d'une contexture originale, est exclusivement tiré des forêts de la Barousse, et du quartier dit *Héréchède*, dont il a pris le nom, et sous lequel il est connu dans le commerce.

Il en existe deux variétés :

L'une est l'*Héréchède rose*,

L'autre l'*Héréchède vert*.

Ce dernier ressemble à s'y méprendre à un autre marbre très-estimé, sous le nom d'Hortensia.

Leur valeur, à Paris, est de 720 *francs* le mètre cube.

L'exploitation a lieu depuis longtemps, et elle est facile par le voisinage de routes et chemins que l'on améliore de jour en jour.

IV. **Autres Marbres.** — Je noterai enfin plusieurs Marbres que l'on rencontre également dans le Domaine de la Barousse, mais dont les noms ne sont pas encore parvenus à ma connaissance.

L'un est d'une couleur grise émaillée de taches roses, disposées de la même manière que dans le *Vert de Moulin*, ce qui pourrait très-bien lui faire donner le nom de *Gris de Moulin*.

Un autre est d'un beau vert uni.

Un autre d'une couleur rouge lie de vin avec de larges nervures blanches.

Ce dernier est une variété du *Griotte*.

En dernier lieu, je dois mentionner particulièrement un marbre que j'ai vu sur la commune de Saléchan, au lieu dit *Satche*, près de la mine dont je parlerai au chapitre suivant.

Ce Marbre est mélangé de blanc et de vert émeraude très-vif, nuancé en certaines parties d'un rose pâle d'une couleur très-légère.

Le commerce pourrait l'employer à la fabrication

d'objets d'art et de luxe qui seraient d'un grand prix, car il est difficile de trouver en dehors des pierres précieuses, des couleurs plus éclatantes, plus agréables à l'œil, et plus concordantes que celles qui sont renfermées dans ce Marbre.

— J'ai eu soin de recueillir des fragments de tous les marbres dont j'ai parlé, pour les produire, quand je le croirai utile, à l'appui de mes constatations.

V. **Exploitation.** — Les observations qui ont été placées plus haut relativement au marbre dit vert de moulin, et concernant l'exploitation et le prix de ce marbre, peuvent s'appliquer à tous les marbres que je viens d'énumérer.

En généralisant le calcul fait à ce sujet, on arriverait donc aux conclusions suivantes :

Ouvrez 5 carrières de marbre dans la Propriété (c'est bien peu, car le nombre, d'après tout ce qui vient d'être dit, pourrait aisément en être de 10, 15 et 20); supposez que l'on ne puisse extraire de chacune d'elles que 40 *mètres cubes* annuellement, soit 200 mètres cubes. Portez la moyenne du prix de vente à Paris à 650 fr. le mètre cube, déduisez 60 francs pour frais d'extraction, et 140 francs au plus pour frais de transport, il restera un *bénéfice net* de 450 *francs* par mètre cube, soit pour 200 mètres cubes :

90,000 Francs par An

indépendamment des produits des carrières de marbres blancs.

Je terminerai, en disant que les gisements de ces marbres divers sont si importants dans le *Domaine* de la Barousse, qu'ils occupent des montagnes entières, et que l'on peut sans crainte, les dire : *inépuisables !*

II — LES MINES

Le rapport de M. Virlet sur les ***Mines***, a pour titre: ***Reconnaissance minéralogique de la vallée de la Barousse***, et c'est avec raison, car il y est parlé tant des mines situées dans les terrains de l'État et des Communes que sur celui de la Propriété.

Ces dernières seules ont fait l'objet de mes visites et de mes examens, j'en dirai brièvement le résultat.

1° MINES DE SALÉCHAN.

A l'extrémité nord du ***Hourmigué*** et lui étant attenant, il existe un monticule de 800 mètres d'élévation, que l'on nomme le ***Sommet de la Teillède***, situé en grande partie sur la commune de ***Saléchan***.

I. Mine du Village. *(Pyrite blanche de fer).*

Sur son versant oriental faisant partie du bassin de la Garonne, j'ai visité, au pied de la montagne et à quelques mètres seulement au-dessus du village, les déblais d'une mine dont l'entrée est aujourd'hui inaccessible, et dans laquelle il existe, dit-on, un puits de 70 mètres de profondeur.

Parmi ces déblais, j'ai trouvé des minerais de conformations, apparences et couleurs très-diverses.

M. Virlet dit n'avoir reconnu là que de la ***Pyrite de fer blanche*** sans traces de cuivre.

Il n'est pas de mon pouvoir d'appuyer ou de contredire cette assertion. Je suis étonné seulement que cette ***Pyrite de fer*** qui est le mélange du fer avec d'autres matières minérales, soit traitée avec dédain par M. Virlet.

En outre, je crains que l'éminent ingénieur n'ait basé son jugement sur l'examen de ces déblais insuffisamment fouillés, si j'en juge par ce qui m'est arrivé à moi-même.

A ma première visite à cette mine, je n'ai rencontré, après de longues recherches, que quelques traces de métal dans les pierres que je brisais ; mais, dès la seconde excursion, j'ai trouvé dans l'intérieur des pierres de très-beaux morceaux de minerais divers, dont je regrette de ne pouvoir donner l'analyse.

Au surplus, serait-il sage et concluant de raisonner au sujet de cette mine, impénétrable actuellement, d'après ces déblais anciens, qui ne contiennent probablement que les rebuts des extractions d'autrefois?

II. **Mine de Satche.** ***(Pyrite blanche de fer et cuivre carbonaté vert).***

Au sud de la mine précédente, à la même hauteur, sur le flanc de la montagne, au quartier de ***Satche,*** on voit des galeries très-élevées et des déblais considérables qui attestent une ancienne exploitation.

J'ai trouvé là, également, des fragments de pierres très-riches en matière minérale.

— Le terrain occupé par ces deux mines a été compris, ainsi que la carrière de marbre blanc des ***Molles***, au nombre des *vacants* attribués aux communes par la délimitation dont j'ai parlé.

J'insisterai encore ici pour que les Propriétairss mettent tous leurs soins à faire reviser le procès-verbal de délimitation de ces terrains vacants, car sans connaître exactement la nature ni la valeur de ces mines, on a lieu de supposer qu'elles n'ont pas été épuisées par les exploitations précédentes, et qu'en faisant de nouvelles fouilles soit à l'intérieur, soit aux environs, on peut espérer de retrouver encore des filons très-productifs et très-exploitables.

III. **Mine de Tachouers.** *(Pyrite de cuivre).*

Celle-ci fait bien partie du Domaine qui m'occupe.

« La pyrite de fer, dit M. Virlet, y devient assez cui-
« vreuse pour être considérée comme *minerai de*
« *cuivre.* »

« Avec une usine métallurgique toute créée, on
« pourrait certainement tirer un parti avantageux de
« cette matière métallique. Mais, en l'absence de tout
« établissement de ce genre, je n'engagerais pas les
« Propriétaires à se lancer dans des dépenses d'exploi-
« tation qui pourraient devenir considérables, sans
« assurance de succès. Il faut donc laisser à une Com-
« pagnie le soin de poursuivre à ses risques et périls,
« les travaux commencés, afin de s'assurer si le filon
« ne devient pas plus riche soit en profondeur hori-
« zontale, soit en profondeur verticale. »

— On a remarqué que les galeries de toutes les mines situées dans cette montagne de *la Teillède*, se dirigent vers un point central qui n'a pas encore été atteint, et où l'on suppose que les filons se rejoignent et acquièrent une puissance et une valeur remarquables.

2° MINES DE SOST.

Sur la montagne qui domine Sost, j'ai visité le filon de MINERAI DE FER dont parle M. Virlet, et j'en ai fait détacher un fragment, puis je l'ai comparé avec un minerai de fer que j'avais rapporté des forges de Guran ; ils m'ont paru entièrement semblables l'un à l'autre; ce qui pourrait amener à penser qu'ils sont aussi exploitables l'un que l'autre.

Sans créer une usine pour travailler et forger le fer, on pourrait en faire l'extraction et vendre les minerais aux forges de fer de la contrée, à celles de Guran en particulier, qui sont très-voisines de la propriété.

Enfin, dans les déblais de la carrière de marbre de ***Condaux***, quartier très-proche, je crois, de celui de ***Pische-Madeleine***, où M. Virlet fit la même découverte, j'ai trouvé un très-bel échantillon de MINERAI DE CUIVRE.

— Telles sont les simples remarques que dans mon incompétence, il m'a été permis de faire au sujet des ***Mines***.

Je terminerai par une ***observation générale*** ;

M. Virlet parle de plusieurs autres traces de minerais:

1° D'un échantillon de CUIVRE PYRITEUX trouvé dans le quartier d'***Hérèchède***.

2° D'un filon de FER OLIGISTE, trouvé dans la propriété de l'État, sur le territoire de ***Ferrère***, dont l'étymologie viendrait d'anciennes exploitations romaines de mines de fer.

Il suppose que ce filon de fer se prolonge jusqu'au ***Montlàs***, montagne dépendant en grande partie du Domaine.

Tout ceci démontre qu'en se livrant à des recherches sérieuses aux endroits où quelques indices feraient supposer la présence d'une mine de métal quelconque, on finirait peut-être par trouver au sein de ces montagnes, des gisements précieux et inattendus de matières métalliques, qui pourraient donner lieu à une exploitation utile.

On est autorisé à penser aussi qu'on pourrait même en découvrir, soit en creusant des carrières de marbre, soit en exploitant les bois.

III — LES BOIS

Le Domaine forestier de la Barousse appartenant à MM. Heuqueville, Pascallet et Cie, comprend :

1° La montagne dite le Montlas, dont l'élévation est de 1721 mètres, située entre les villages de Sost, Esbareich, Mauléon et Ferrère.

	HECT.	ARES.	CENT.
Sa contenance actuelle est estimée d'après le cadastre à.	622	70	96
2° Les pics du Couret-Médan et de Pouy-Usclat, qui font suite au Montlâs, dont le versant occidental est entièrement occupé par la forêt de Cuvieille, de haute futaie.			
L'élévation de ces deux pics est de 1331 et 1754 mètres; leur contenance totale est d'environ	640	46	73
3° Le Hourmigué qui occupe, depuis son extrémité nord jusqu'au bois d'Héréchède, tout le versant occidental d'une longue chaîne de montagnes qui se prolonge jusqu'à Bagnères-de-Luchon.			
Sa plus grande élévation est de 1609 mètres au sommet d'*Olivès*; sa contenance est d'environ	492	80	96

Toutes ces montagnes et forêts font suite les unes aux autres, et prennent la forme d'un fer à cheval dont le centre est occupé par la vallée de Sost.

En dehors, au sud de ***Samuran***,

	HECT.	ARES.	CENT.
4° Le Ger, qui contient, y compris un grand nombre de parcelles détachées, sises dans la vallée de Sost, environ. .	126	36	68
Total des contenances.	1882	34	51

1re Observation. — LE CADASTRE.

La première observation à mentionner sur cette contenance de 1882 hectares, c'est qu'elle est indiquée *par le Cadastre*.

Or, le Cadastre a procédé dans ses opérations sans tenir compte des élévations et proéminences du sol.

Les plans du Cadastre, en effet, levés à l'échelle de $\frac{1}{5\,000}$ c'est-à-dire d'un millimètre par 5 mètres ou d'un mètre par 5 kilomètres, devaient servir de base aux Officiers de l'état-major chargés de dresser une Carte générale de la France, puisque chaque *feuille* de cette immense carte est rapportée à l'échelle de $\frac{1}{50\,000}$

En divisant *une feuille* en 10 parties sur la hauteur et la largeur, on obtient 100 ***carrés***.

Si, d'autre part, on développe et agrandit un de ces *carrés* à l'échelle de $\frac{1}{5\,000}$ on retrouve les mêmes dimensions que dans les cartes du Cadastre.

J'ai cru qu'il était important d'établir ce point pour démontrer que les opérations du Cadastre, servant de base à la confection d'une *Carte géographique;* on n'avait pu y tenir compte de la ***superficie réelle*** des montagnes, mais seulement de leur ***surface linéaire*** au niveau de la mer.

La conclusion est évidente :

Si le Cadastre n'a pu tenir compte que de la ***surface plane*** des montagnes d'une base à l'autre, il en résulte que la contenance des forêts et montagnes est très-supérieure à celle qui est indiquée par le Cadastre, car quelle que soit l'ampleur de sa base, dès qu'une montagne mesure 1700 mètres d'élévation, on peut, sans crainte, estimer sa ***superficie réelle au double de celle du Cadastre.***

Donc, au lieu de 1883 hectares d'étendue, les forêts de la Barousse en contiendraient en réalité environ QUATRE MILLE HECTARES.

Notons en outre, que ces 4000 hectares sont BOISÉS dans toute leur étendue, et que rien n'y est stérile ou improductif, l'arrêt de la Cour de Pau, précité, ayant attribué aux Communes tous les terrains ***vacants***, landes et rochers nus qui s'y trouvaient.

2me OBSERVATION. — LES USURPATIONS.

Depuis la révolution de 1793, les forêts de la Barousse abandonnées par les propriétaires émigrés, ont été livrées sans défense aux déprédations et usurpations innombrables des habitants de la vallée.

En dehors des 1883 hectares libres au moment du partage, on sait donc que de très-grandes et très-belles portions de forêts ont été usurpées ; on a dit que leur nombre pouvait représenter 300 ***hectares***; et cette estimation paraît minime quand on jette les yeux sur l'ensemble des forêts. On y voit que les habitants des vallées se sont emparé de tout ce qui était à leur portée, et n'ont même pas hésité à monter jusqu'au sommet des montagnes pour y trouver leur lot de propriété, quelquefois au centre même du Domaine.

Mais, comme l'arrêt qui a déclaré que *toutes les montagnes et forêts de la Barousse* appartenaient par indivis à l'État et aux héritiers de Luscan, a réservé aux propriétaires le droit de revendiquer tout ce qui aurait été usurpé, droit que les Tribunaux ont consacré depuis 1863 ; — comme d'un autre côté, tous ces envahissements n'ont été opérés que par des *usagers*, et, qu'aux termes des lois forestières, ils ne peuvent *jamais prescrire*, quelle que soit la durée de leur possession, on peut considérer comme faisant partie du Domaine toutes les terres qui l'environnent de près, et surtout celles qui sont enclavées dans ses limites.

On en recouvrera la propriété au moyen de procès faciles à gagner, si toutefois, les envahisseurs ne consentent dès la première réclamation, à remettre aux Propriétaires ce qui leur appartient.

On aura d'autant plus d'intérêt à poursuivre la revendication de ces biens usurpés, qu'ils forment généralement de très-belles portions de bois ou de pâturages.

Dès l'instant que ces parcelles de terre ont été considérées comme la propriété d'un habitant de la vallée, tout le monde les a respectées ; des clôtures ont été posées et les arbres s'y sont développés à l'abri de la hache des bucherons et de la dent des bestiaux, si fatale aux jeunes bourgeons. — Les prés se sont améliorés par les travaux de ceux qui s'en disaient les nouveaux maîtres, et aujourd'hui, toutes ces usurpations forment bien la portion la plus enviable de la Barousse.

Je n'entends pas, en faisant ressortir la valeur de ces biens envahis, amoindrir celle des bois qui sont restés dans le Domaine, car si ces derniers n'ont pas été améliorés et gardés aussi bien que les premiers, ils n'en sont pas moins remarquables en eux-mêmes, et pourront toujours atteindre au même degré de perfection, si les Propriétaires y donnent leurs soins.

— Ces observations terminées, je vais essayer de décrire ***les Bois*** qui peuplent le Domaine forestier de la Barousse.

Il me sera impossible, à mon regret, de désigner les principaux numéros du Cadastre en indiquant leur constitution actuelle et leur valeur approximative, mais pour pouvoir exécuter ce travail de haute portée, il eût fallu passer un temps très-considérable à parcourir ces forêts pour les connaître suffisamment. En suivant ainsi la même marche que les experts judiciaires de 1849, qui ont estimé cette propriété à 596,000 *fr.*, j'aurais voulu constater ce qui avait acquis une plus-value ou subi une dépréciation, mais je devrai me limiter et donner seulement en bloc la constitution des lots principaux, tels que je les ai classés en commençant ce chapitre.

Les Bois ci-après sont exclusivement composés d'essences de ***Hêtre,*** sauf le sommet des montagnes où l'on rencontre quelques vieux pins.

1° ***Le Montlàs.*** — Dans son ensemble, cette montagne est couverte d'un taillis, parfois très-épais, qui ne paraît âgé que de 10 à 12 ans.

Le pic de la Mérite et celui du Montlàs, si voisins qu'ils se confondent dans la perspective, sont boisés jusqu'à la pointe de leur cime très-aiguë.

Le bas de la montagne tant du côté de Ferrère que de Sost et Esbareich, paraît avoir été l'objet de nombreuses usurpations.

2° *Le Pic du Couret Médan et le Pic de Pouy-Usclat* sont occupés :

Premièrement. Au versant oriental par le quartier de la Coste-Dorade, le Hourt-Hourcade, les Poupets, le Cubourras et la Courbe.

La Coste-Dorade est un taillis. La végétation s'y est montrée plus vigoureuse vers la base qu'au sommet de la montagne, aussi les bois des régions inférieures forment un beau taillis de 8 ou 10 ans, tandis que dans le quartier du *Hourt-Hourcade* qui domine la Coste-Dorade, le taillis y paraît en souffrance. Pourtant, si le terrain était débarrassé des vieilles souches et des pins gigantesques qui sont couchés sur le sol et que l'on convertirait en charbon, sur place, les arbres y croîtraient sans doute avec la même vigueur qu'aux environs, et l'on pourrait y voir dans quelques années un taillis offrant quelqu'avenir.

Les Poupets sont des parcelles détachées, tout entourées d'une multitude d'usurpations. Le tout d'un aspect très-variable.

Le Cubourras possède de beaux arbres à son sommet.

La Courbe était autrefois une futaie superbe, l'administration des demoiselles De Luscan en a coupé une partie remplacée par un jeune taillis.

M. Virlet estime néanmoins que ces deux derniers quartiers peuvent encore fournir 25 à 30,000 pieds d'arbres de *haute futaie*, dont on tirerait facilement 100,000 traverses de chemin de fer.

Une usurpation importante, qui domine ce quartier, paraît être peuplée de très-beaux bois.

Deuxièmement. — Le versant occidental est occupé en entier par la *forêt de Cuvieille & d'Aubagne*.

Je reproduis l'appréciation de M. Virlet. Elle ne pourrait être ni plus complète, ni plus exacte :

« La forêt de Cuvieille, de haute futaie, comprend « 326 hectares pleins, c'est-à-dire, déduction faite des « parties gazonnées ou stériles, et de 38 hectares qui « ont été indignement ravagés, tant dans le haut que « dans le bas.

« Tout à côté, au sud de Cuvieille, se trouve le quar- « tier d'Aubagne, également composé de 27 hectares « pleins de haute futaie.

« Ces deux quartiers forment un ensemble de « 353 hectares de bois *véritablement remarquables*, tant « sous le rapport de leur dimension, que sous celui « de leur grande hauteur sous branches.

3° *Le Hourmigué*. — Il comprend :

Le bois d'*Héréchède*, le bois d'*Olivès*, le quartier d'*Esclète*, & la *Goutte de Peyrot*.

Tous ces quartiers sont peuplés de magnifiques taillis, qui prennent en certains endroits les proportions d'une futaie, notamment au *Sommet d'Olivès*.

4° *Le Ger*, désigné dans le cadastre comme *broussailles*, possède actuellement un jeune taillis si vigoureux et si élevé, que je n'ai pu me frayer un passage à travers le bois qu'avec difficultés. — Ce taillis est d'un bel avenir.

— Telle est, en son ensemble, la constitution des bois de la Barousse.

Si on tient compte :

1° De la puissance de végétation qui règne dans cette contrée et dont on a dit, suivant une comparaison bien vulgaire mais exacte, que tout y croît et s'y développe avec abondance et rapidité, comme des jeunes plants d'asperges au printemps ;

2° Des facilités de communication qui s'établissent chaque jour avec les divers points de ces forêts, et notamment de l'achèvement du nouveau chemin de Mauléon à Sost, et de l'exécution arrêtée et très-prochaine d'une rectification dans le chemin de Mauléon à Ferrère ;

Et aussi de l'ouverture qui aura lieu très-incessamment du chemin de fer de Montréjeau à Tarbes ; de la construction très-certaine d'une ligne entre Montréjeau et Bagnères-de-Luchon, avec circuit vers Cazaril, pour desservir la vallée de la Barousse ;

Il sera facile de comprendre quelle plus-value ce domaine a acquise depuis 1849, malgré les dévastations partielles dont il a été parlé.

IV. — LE CANTONNEMENT.

Un arrêt de la Cour de Pau du 5 décembre 1860, réformant un jugement de Bagnères, a ordonné le cantonnement des droits d'usage des communes sur les forêts de la Barousse, et a nommé les experts chargés de procéder à ces opérations et d'évaluer la part en toute propriété qui devra être attribuée aux communes, afin de dégréver lesdites forêts de leurs droits d'usage.

Quelle pourra être *la part* qui devra être abandonnée aux communes sur les forêts dépendant du domaine dont il est question?

— On pense que cette opération absorbera une portion s'élevant du cinquième au quart de ces immeubles.

Ce chiffre est lui-même peut-être trop élevé, car, bien que ces communes aient le droit de couper dans les forêts, avec l'autorisation de qui de droit, le bois nécessaire à leur chauffage et à la construction de leurs maisons, il est certain que ce droit n'a été accordé que dans un temps où les forêts de la Barousse occupaient *presque intégralement toutes les montagnes de la Barousse*, quand, par conséquent, la possibilité des forêts était beaucoup plus grande que celle d'aujourd'hui, et quand, encore, les habitants de la vallée étaient plus pauvres que de nos jours.

Si on voulait donc tenir compte :

1° Des usurpations incontestables, mais trop anciennes pour être revendiquées, et qui ont enrichi les habitants du pays ;

2° De l'attribution faite aux communes de terrains très-étendus et parfois très-utiles, parce qu'ils étaient considérés comme *vacants*, bien que d'anciens titres les indiquent très-bien comme faisant partie des Domaines forestiers de la Barousse ;

3° Et principalement de l'usage que les communes ont exercé dans ces forêts, *bien au-delà de leurs droits, pendant longtemps*, et dont les abus et les excès notoires seraient injustement laissés en oubli.

Si l'on tenait compte de tout cela, je me demande si on ne pourrait pas y voir une compensation anticipée, un dédommagement suffisant au rachat de leurs droits d'usage.

A ce sujet je vais citer un fait particulier :

Le Ger, cette montagne isolée, dont la superficie cadastrale est d'au moins 400 hectares, et qui est située sur les communes de Troubat, Samuran, Thèbe et Siradan, dans le département des Hautes-Pyrénées, et Bagiry (Haute-Garonne), dépendait autrefois, *intégralement* à n'en pas douter, des montagnes et forêts de la Barousse.

Or, voici ce qu'il est advenu :

Tout ce qui était situé dans la commune de Troubat a été considéré comme *vacant*, et appartient aujourd'hui à la commune.

Tout ce qui était compris dans la commune de Thèbe, même sort, sauf une petite parcelle.

Tout ce qui s'étend sur le territoire de Bagiry a été considéré, pour je ne sais quelle cause, comme étranger aux forêts de la Barousse.

Sur la commune de Samuran seule, un lot de 100 hectares environ a été conservé dans la propriété, le surplus a été déclaré vacant.

Enfin, ce qui dépend de la commune de Siradan, est devenu sa propriété de la manière suivante, peut-être:

En 1848, cette fraction de la montagne était peuplée d'arbres de haute futaie, d'une grosseur tout exceptionnelle. — Au premier jour de la révolution, tous les habitants accoururent avec leurs haches, et huit jours après il ne restait plus un seul arbre sur ce côté du Ger.

Cette portion du territoire de Siradan, couverte maintenant d'un taillis en prospérité, fut comprise, sans doute, dans les *Vacants*, lorsque la montagne eut été rasée!

Et il faut aujourd'hui accorder à ces communes une part de la propriété foncière, pour les désintéresser de leurs droits d'usage!

— En parlant des usurpations, j'ai dit les ressources dont la propriété pourrait s'accroître si l'on en poursuit la revendication, et qui compenseraient sûrement la part du Domaine qu'on serait obligé d'abandonner pour le cantonnement.

— Jusqu'à présent, il n'a été question que de payer *en nature de forêts ou terres*, le retrait de ces droits d'usage.

Mon opinion personnelle est que, si l'on pouvait parvenir à racheter ces droits par une *somme d'argent*, et suivant l'estimation qui sera faite par les experts, ce serait un moyen d'autant plus avantageux de supprimer ces servitudes, que l'on pourrait obtenir des communes des délais raisonnables de remboursement; que, dès-lors, on paierait avec les produits de la propriété sans aliéner le fonds, et que l'on ne serait pas exposé à voir des portions très-estimables des forêts, comprises par les experts, dans les lots des communes.

Je dois ajouter que ces portions du Domaine, attribuées aux communes pour représenter des droits d'usage qui seraient rachetés par les propriétaires, à prix d'argent, auront acquis le lendemain du rachat, par ce dégrèvement même de toute servitude, une plus-value très-appréciable qu'elle n'avait pas la veille.

V. — EXPLOITATION DES BOIS.

1ent EXPLOITATION DES HAUTES FUTAIES.

TRAITÉ DES 300,000 TRAVERSES.

Le traité conclu entre MM. Heuqueville et Pascallet, et MM. Jourde frères, négociants à Paris, pour la livraison de 300,000 Traverses de chemin de fer, au prix total de 765,000 *francs*, a été l'objet de vives discussions et de longs procès.

Par jugement du Tribunal civil de la Seine, du 11 août 1865, confirmé par arrêt de la Cour Impériale du 3 juillet 1866, M. Heuqueville, qui s'opposait à l'exécution de ce traité, a été condamné à remplir les conditions qu'il renferme et à faire une première livraison le 3 octobre 1866.

M. Heuqueville se refusant toujours à se conformer à son traité et aux jugements qui le sanctionnent, M. Pascallet est en instance auprès du tribunal civil pour obtenir la nomination d'un *administrateur judiciaire* qui, de concert avec M. Pascallet et Cie, exécutera ce que M. Heuqueville persiste à ne pas faire.

On ne peut supposer que le nouveau jugement à intervenir soit moins favorable à M. Pascallet que les précédents, et tout porte à croire que le traité de MM. Jourde sera enfin exécuté.

— Je ne discuterai pas les charges ni les avantages de ce traité. Le rapport de M. Virlet d'Aoust, dressé spécialement à cet effet, a développé sur ce point les plus utiles et les plus précieuses démonstrations, que ses connaissances spéciales entourent d'un très-grand mérite.

Cette question s'y trouve donc approfondie et examinée avec tant de conscience et d'habileté que j'admettrai en principe, avec toute la déférence qui leur est due, ses calculs et ses conclusions. — Je vais les reproduire en abrégé pour exprimer quelques objections et rectifications relatives uniquement à des détails de peu d'importance.

1° Quantité des Traverses.

Le nombre des 300,000 traverses se trouvera aisément dans la forêt de Cuvieille et d'Aubagne, dit M. Virlet, et il le démontre ainsi, après en avoir donné la description que j'ai reproduite ci-dessus (chap. III) ;

Chaque arbre devant fournir 4 traverses en moyenne, il ne faudra que 75,000 pieds d'arbres, soit, pour les 353 hectares que comprend cette forêt, 212 arbres en moyenne par hectare, et *un* arbre par 47 mètres carrés. — En d'autres termes :

353 hectares représentent 3,530,000 mètres carrés ; il faudra trouver en moyenne 212 arbres par chaque 10,000 mètres carrés.

Je ferai observer, en outre, que cette contenance de 353 hectares, *portée au cadastre*, est très-inférieure à la contenance *réelle* de la montagne, d'où il suit que le calcul de M. Virlet a encore plus de force et de valeur, et on peut répondre, comme lui, avec encore plus d'assurance à ceux qui demandent si les 300,000 traverses existent dans la forêt :

« Pour quiconque aura une fois jeté les yeux sur » la forêt de Cuvieille et d'Aubagne, le problème est » résolu affirmativement. Les forêts de la Barousse » peuvent donc non-seulement fournir les 300,000 tra- » verses, mais encore les quartiers de Cuvieille et de » l'Aubagne le fourniront à eux seuls. »

J'ai parcouru moi-même cette forêt, et quand, placé sur les hauteurs de la montagne, j'ai jeté mes regards autour de moi et que j'ai aperçu l'immense étendue de terrain produite par 350 hectares, dont une partie échappe pourtant aux yeux à cause des replis et sinuosités du sol; quand, descendu au centre de la forêt, j'ai eu examiné la nature des arbres, leur élévation et leur rapprochement, j'ai bien été convaincu et persuadé de l'existence de 75,000 pieds d'arbres, et même d'un nombre supérieur.

Ceux qui ont émis une opinion contraire à celle de M. Virlet, ont été, ou mal guidés, ou influencés par de fausses assertions; ils ont eu l'imprudence de ne pas se renseigner auprès de personnes sûres.

Quand on veut visiter la forêt de Cuvieille, il faut suivre un chemin qui a été construit naturellement dans le terrain qui avait le plus souffert. Il commence dans les 38 hectares ravagés, dont parle M. Virlet, L'aspect en est affligeant, quelques troncs d'arbres, quelques touffes de jeunes taillis, c'est tout ce que l'on aperçoit. — Son parcours, qui est de 1,500 mètres je crois, s'avance à travers ce quartier désolé, et s'arrête à l'endroit où les grands arbres commencent. — Un sentier semblable existe dans le sommet de la montagne, près le Couret-Médan.

A bien des visiteurs, on a dit qu'ils étaient en Cuvieille, et plusieurs ne sont pas allés plus loin.

— Mais, c'est *entre* ces deux chemins et *au-delà*, pendant 4 kilomètres, que s'étendent les 350 hectares de futaie !

Je ne m'attacherai pas à dire quels intérêts divers poussent beaucoup de personnes à induire ainsi en erreur les visiteurs trop confiants et trop crédules; ce serait une tâche qui m'obligerait à rompre la réserve que je me suis imposée. Je crois donc qu'il sera suffisant d'avoir indiqué le danger à ceux qui, pour un motif quelconque, pourraient à l'avenir y être exposés.

2° Dépenses et Recettes de l'Exploitation.

1° — Dépenses.

1. *Construction de l'usine.* — La première dépense qu'on devra faire est la construction d'une *Scierie*, et du matériel qui doit en dépendre.

M. Virlet n'a point traité cette question si importante et si dépendante de sa compétence.

J'ignore les motifs qui l'ont porté à en agir ainsi, et je vais essayer de suppléer à cet oubli apparent.

— Deux opinions se présentent à ce sujet :

Les uns disent qu'une *Scierie*, mue par une *roue hydraulique*, et comprenant trois scies, peut suffiire au débit des traverses dont la livraison, à raison de 75,000 par an, devra être de 9,000 environ par mois, ou de 350 par jour, en ne comptant que 8 mois de travail par an, et 26 jours par mois.

Trois scies peuvent bien suffire, mais il faut que la roue hydraulique soit constamment alimentée par un bon cours d'eau. Or, *Lourse*, qui traverse la vallée de Ferrère serait insuffisante, en été, à faire mouvoir sans arrêt une roue hydraulique. — Il faudrait donc établir cette scierie au-dessous de Mauléon, où la rivière de la vallée de Sost vient se réunir à celle de la vallée de Ferrère.

D'autres personnes ont pensé (et ce projet me paraît meilleur), qu'une *scie locomobile à vapeur* offrirait beaucoup plus d'avantages, ne serait-ce que par la grande économie de transport qui en résulterait.

La locomobile serait transportée dans chaque quartier de la forêt, où l'abattage des arbres aurait lieu. Les traverses seraient débitées sur place, et conduites directement de la forêt à Montréjeau, lieu fixé pour la livraison. On n'aurait pas à subir les frais de chargement et de déchargement des *Roules* arrivant à la scierie, et des traverses partant pour Montréjeau.

Je vais faire comprendre l'économie qu'on y trouverait.

M. Virlet compte :

1° Martelage ou *mise en roule* : 50 centimes par arbre, et il porte un maximum de 60 centimes, soit par traverse. . . . . » f. 15 c.

2° Conduite à la scierie, — qu'il suppose

bâtie au-dessous de Ferrère, — 20 centimes par roule, au maximum 30 centimes, soit, par traverse. . . . . » 15

3° Transport de la scierie à Mauléon, par traverse . . . . » 25

4° Transport de Mauléon à Montréjeau, par traverse . . . . » 32

Total des frais de transport par traverse . » 87

Or, en usant d'une locomobile, tous ces frais énormes seraient considérablement simplifiés, puisque les chars de traverses, chargés dans la forêt, pourraient s'acheminer directement vers Montréjeau, et qu'ainsi le bois, transformé en traverses ou en planches, ferait uniquement l'objet des transports, car il faut considérer que dans le bois *brut*, dont on aura à effectuer le transport dans le premier système, il en existe un cinquième qui, après l'équarrissage des traverses et des bois de commerce, ne pourra servir qu'à faire du charbon.

Un autre avantage à mentionner dans l'usage d'une locomobile, c'est qu'elle pourrait être achetée à un prix payable à terme, sur les bénéfices de l'exploitation, ainsi qu'on me l'a proposé, et que dès-lors on n'aurait pas à se pourvoir d'avance de fonds applicables à la construction de la scierie, qui ne pourrait être bâtie dans les mêmes termes de paiement.

2. *Capital de roulement.* — L'achat d'une locomobile admis, quel serait le capital de roulement nécessaire pour *commencer* l'exploitation.

M. Virlet n'a pas opéré sur cette base. Il a cherché quel était le capital nécessaire pour faire l'exploitation pendant la première année. Sans blâmer son but, j'ai cru qu'il était suffisant de se préoccuper seulement des fonds nécessaires pour diriger l'exploitation depuis le début jusqu'au jour du premier paiement par MM. Jourde.

Le tableau suivant fera ressortir la différence des estimations :

	COMPTE de M. Virlet.	COMPTE nouveau.
	Fr.	Fr.
1° Abattage ***immédiat*** de ***tous*** les arbres qui seront exploités dans l'année, soit 18,750 arbres, y compris la mise en roule.	22,500	
Mais quel que soit le système de scierie que l'on adopte, je ne vois aucune utilité à ce que ces 18,750 arbres soient abattus dès le principe. On pourrait procéder plus économiquement en faisant des abattages ***partiels*** tous les trois mois, dont les frais seraient couverts par les rentrées qui auraient lieu. — Je pense donc qu'on n'aura à avancer que les frais d'abattage de 7500 arbres environ, exigés pour la production des 30,000 traverses livrables pendant les trois premiers mois.		
De plus, en usant d'une locomobile, les frais de ***mise en roule*** sont annulés en partie.		
Soit donc, à raison de 60 centimes pour l'abattage de 7,500 arbres. . . .		4,500
A reporter	22,500	4,500

	COMPTE de M. Virlet. Fr.	COMPTE nouveau. Fr.
Report.	22,500	4,500
2° Prix de revient des traverses, 30,000 à 1 fr. 17 cent., déduction faite de l'abattage, soit.	35,100	
Je viens d'expliquer qu'en dehors du prix d'abattage et de mise en roule qu'on peut modifier comme ci-dessus, M. Virlet comptait 87 centimes par traverse pour plusieurs transports qui, réduits à un charriage unique, font que le *prix de revient* de chaque traverse doit être porté à 20 centimes par traverse pour le sciage, et 64 centimes par traverse pour deux journées à 5 francs d'un char transportant 16 traverses directement de la forêt à Montréjeau, soit pour 30,000 traverses à 84 centimes .		25,200
3° Frais généraux. — Pour l'année entière	7,000	
Pour trois mois, ci.		2,500
4° Construction du chemin de Cuvieille	5,000	5,000
5° Amélioration et rectification du chemin de Ferrère jusqu'à la forêt. M. Virlet n'a pas parlé de cette dépense. — ci		5,000
6° Pour confection de planches, etc. par an, ci.	10,000	
A reporter.	79,600	42,200

	COMPTE de M. Virlet. Fr.	COMPTE nouveau. Fr
Report.	79,600	42,200
Ce chiffre est d'autant plus étonnant, que M. Virlet n'a porté que 10,000 francs aussi au chapitre des recettes ; or, il est évident que si l'on dépense 10,000 francs à cette fabrication, le bénéfice net devra être supérieur à 10,000 francs.		
Réduisant de moitié, je porte pour trois mois, ci.		1,500
Le paragraphe suivant pourra démontrer qu'au lieu de 40,000 francs de dépenses et 40,000 francs de recettes, soit 80,000 francs en tout pour la fabrication de bois de commerce pendant l'exploitation, on arrivera probablement à de plus grands résultats.		
7° Fabrication de 1000 parsons de charbon avec les têtes et les branches;		
Par an.	18,000	
Aux recettes, M. Virlet a porté 2,000 parsons;		
Je rectifie donc, en supposant aussi aux dépenses 2,000 parsons, à 15 francs l'un, pour trois mois, ci. .		7,000
— Observation : Le charbonnage, entrepris par quantités aussi considérables, n'atteindra même pas en dépenses ce chiffre de 15 fr. par parson.		
A reporter.	97,600	50,700

	COMPTE de M. Virlet. Fr.	COMPTE nouveau. Fr.
Report	97,600	50,700
8° Pour dépenses imprévues, par an	2,400	2,300
Total des dépenses pour l'année entière	100,000	
Pour les trois premiers mois. . . .		53,000

Le calcul fait pour trois mois, ci-dessus, ne suppose que huit mois de travail de l'année, et par suite, ces trois mois représentent le *tiers* environ du travail de l'année.

— Il suffisait d'examiner quelle était la somme indispensable pour commencer l'exploitation, et la mener jusqu'à l'époque où MM. Jourde acquitteront leur première livraison. — J'ai supposé ***trois mois***, leur traité portant qu'ils paieront, en argent, ***soixante jours*** après l'envoi du bulletin de réception à Montréjeau.

La première livraison faite et payée, les fonds serviront à continuer l'exploitation.

2° Recettes.

Les 300,000 traverses étant livrables en 4 ans, au prix de 765,000 francs, quels seront les ***bénéfices nets*** de la première année?

	COMPTE de M. Virlet Fr.	COMPTE nouveau. Fr.
1° Les 75,000 traverses, dit M. Virlet, donneront seulement 1 *franc* de bénéfice net par traverse	75,000	
Si les dépenses de transport sont amoindries par l'usage d'une scie		
A reporter.	75,000	

	COMPTE de M. Virlet. Fs.	COMPTE nouveau. Fs.
Report.	75,000	
locomobile, la différence reviendra entière au chapitre des recettes.		
D'après le compte ci-dessus, elle est d'environ 25 centimes par traverse. — Le bénéfice net s'élèvera donc à 1 franc 25 centimes, soit pour 75,000 traverses.		93,750
2° Fabrication de 2,000 parsons de charbon à 10 francs l'un, ci.	20,000	
Les frais de charbonnage étant moins élevés en considération de la quantité qui en sera faite, le bénéfice s'en trouvera d'autant augmenté.		
Soit donc à 15 francs par parson, ci		30,000
3° Vente de planches et bois pour commerce, etc.	10,000	
D'après ce qui a été dit ci-dessus. .		20,000
4° Recettes diverses.	1,000	1,250
Total des recettes par M. Virlet. . .	106,000	
Par un compte nouveau		145,000

En récapitulant les dépenses et les recettes, nous trouvons pour les 4 *années de l'exploitation des Traverses:* déduction faite des bois de commerce, qui feront l'objet du paragraphe suivant :

Dépenses :

1° Abattage de 75,000 arbres. . . .	45,000 »
2° Prix de revient des Traverses. .	232,000 »
3° Frais généraux.	28,000 »
4° Chemin de Cuvieille et celui de Ferrère.	10,000 »
5° Frais de charbonnage — 8,000 parsons	120,000 »
6° Dépenses imprévues.	9,000 »
Total.	444,000 »

Recettes :

1° 300,000 Traverses.	765,000 »
2° 8,000 parsons de charbon à 30 fr.	240,000 »
3° Recettes diverses.	5,000 »
Total.	1,010,000 »
En déduisant les dépenses. . . .	444,000 »
Reste net.	566,000 »

II^{ent} EXPLOITATION DES BOIS DE COMMERCE.

On a évalué ci-dessus, d'un côté à 40,000 fr., de l'autre à 80,000 fr., pour les 4 ans de l'exploitation, le bénéfice net résultant de *fabrication de bois de commerce*, avec les débris d'arbres inapplicables à la confection des Traverses.

Un marchand de bois, de Paris, a fait les calculs suivants, que je livre, sans commentaires, à l'appréciation des personnes compétentes :

Par une expertise faite en Cuvieille, on a trouvé que 40 ares fournissaient 108 *arbres* exploitables, soit 1 arbre par chaque 37 mètres carrés environ, et 95,000 arbres dans toute la forêt.

Après vérification des cubes, *au 5me déduit,* il a été prouvé que ces 108 arbres fournissaient un cube réel de 64 mètres cubes 15 centimètres et 52 millimètres.

Ce qui donne en moyenne réduite, par arbre: 60 centimètres cubes environ.

En ne tenant compte que de 75,000 arbres, et non de 95,000 trouvés en cette expertise, il en résulte que :

	MÈTRES CUBES.
75,000 arbres à 60 cent. cubes donnent. . .	45,000
Il faut retirer de ces 45,000 m. le volume employé aux traverses, soit.	33,000
Il reste pour fabrication de bois de commerce, en cube réel	12,000

Le mètre cube de hètre, débité dans les dimensions voulues par le commerce, vaut à Toulouse, 55 francs le mètre cube.

Les 12,000 mètres d'excédant représenteraient donc une valeur de 660,000 *francs*.

Livré en traverses, aux prix du Traité Jourde, le mètre cube n'est vendu que 23 francs 25 centimes.

Cette exploitation de bois de commerce se trouvant la conséquence et l'accessoire de la confection des traverses, les frais seront presque nuls.

Il n'y aura à comprendre pour les *dépenses* de cette fabrication, que celles de la main-d'œuvre, débitant par le sciage, dans les proportions usitées dans le commerce, les bois disponibles dans les arbres, quand les traverses en auront été tirées.

Le travail sera donc presque entièrement fait d'avance. Les frais ne s'élèveront pas à plus de 10 francs par mètre cube de bois, et le transport jusqu'à Toulouse sera d'environ 5 francs par mètre.

Le *total des frais* pour les 12,000 mètres cubes sera donc d'environ. . . . . 180,000 fr.

Et celui des *Bénéfices nets*, de. . . . . . 480,000 fr.

III^{ent} EXPLOITATION DES TAILLIS.

Jusqu'à présent, il n'a été question que de la forêt de Cuvieille et des arbres de haute futaie.

Quels seront les bénéfices à faire sur les autres bois de la Propriété ?

Dans le principe, un premier travail devra être exécuté dans les taillis. Il consistera dans l'enlèvement de tous les vieux troncs, têtards et bois morts, dont quelques parties des forêts sont encombrées ou jonchées, ce qui porte un grand préjudice à l'émergement des jeunes taillis.

Ces trones et têtards pourront être utilisés en charbon fait sur place.

Ce nettoyage étant opéré, on devra établir des coupes régulières dans les taillis qui ne seront pas destinés à être conservés pour futaies.

Tous ces bois exigent des soins immédiats et intelligents. Tous les interminables procès auxquels cette Propriété a donné lieu, ont souvent paralysé l'action des propriétaires ; mais des profits très-sérieux sont garantis en face de la puissance de végétation et de l'épaisseur de l'excellente terre végétale qui recouvre toutes ces montagnes jusqu'aux sommets, à ceux qui entreprendront ces travaux d'amélioration et d'aménagement.

En procédant ainsi, les propriétaires recueilleront sous peu de temps les fruits d'une administration vigilante et soigneuse ; et il leur sera peut-être donné de reconnaître en partie, l'exactitude des affirmations de M. Thomas, dans son très-estimable ***Traité des Eaux et Forêts***, quand il déclare que tout propriétaire de 1000 hectares de bois peut obtenir un Revenu de 60,000 francs par an.

VI.

DROITS ATTACHÉS AU DOMAINE FORESTIER

DE LA BAROUSSE.

Avant de clore, je veux dire un mot de certains *Droits* dépendant du Domaine, outre les droits à revendiquer les usurpations anciennes ou récentes, ainsi qu'on l'a dit plus haut ;

Ces droits concernent :

1° *La forêt de l'Arize.* — Aux poursuites et diligences de l'Administration des Domaines, la propriété *des bois et montagnes de l'Arize*, situés dans la commune de Sacoué, canton de Mauléon-Barousse, a été attribuée à l'État, qui n'a point hésité à reconnaître les droits de la famille De Luscan sur une portion de cette forêt, et qui est prêt à en faire la remise aux propriétaires actuels, représentants des demoiselles De Luscan.

Cette part de forêt s'élèverait, dit-on, pour le Domaine dont il s'agit ici, à 150 *hectares* environ.

La seule condition à remplir, a dit le Directeur des Domaines, consiste à rembourser au Trésor une part des frais qu'il a avancés, proportionnelle à celle qui revient en propriété.

Je pense que cette condition sera exécutée, car elle a très-peu d'importance, dès que l'entente sera rétablie entre les propriétaires actuels.

On peut faire observer que cette forêt est attenante aux Domaines de l'État dans les bois et montagnes de la Barousse, tandis qu'elle est éloignée de la propriété de MM. Heuqueville, Pascallet et Cie. Il sera donc bon de proposer à l'État, quand le moment en sera venu, de faire un échange, et d'abandonner à MM. Heuqueville, Pascallet et Cie, à proximité de leur Domaine une portion de forêt équivalente à celle qui leur revient dans la forêt de l'Arize, et qui resterait entre les mains de l'État.

Ce serait un avantage considérable que l'Administration accordera, selon toute probabilité, et sans lequel cette fraction de forêt serait difficile à exploiter et à garder.

2° ***Revenus perçus par l'État***, pour le compte de la famille De Luscan.

L'État a géré et administré les forêts entières de la Barousse depuis 1793, époque à laquelle M. De Luscan émigra, jusqu'au jour du partage entre ses héritiers et l'État, le 29 novembre 1852. Pendant ce long laps de temps, l'État aurait perçu soit en revenus des forêts, soit en indemnités ou dommages-intérêts, soit pour diverses causes, la somme de 450,000 francs, dit-on, dont une part importante revient aux représentants de la branche cadette De Luscan. Il faudra en déduire, il est vrai, les frais de garde et d'administration que l'État a déboursés, mais cela n'en constitue pas moins une créance sur l'État, qui doit être prise en considération.

3° ***Droit à revendiquer***, de concert avec l'État, ***plusieurs forêts, bois ou portions de bois***, situés dans la Basse-Barousse, mais sur lesquels je n'ai encore pu obtenir des renseignements suffisants, et que je ne mentionne ici que pour ***mémoire***.

4° Enfin, ***Droit à réclamer aux communes usagères***, une part de l'impôt foncier qui leur incombe, aux termes des lois forestières, et qu'elles n'ont jamais acquittée, les propriétaires seuls en ayant, de tous temps, fait l'avance.

VII. — CONCLUSION.

Plusieurs personnes, et particulièrement le Directeur des Domaines de Tarbes, m'ont demandé dans QUEL BUT j'avais pris une part d'intérêt dans cette affaire.

J'ai répondu, en exposant mes vues personnelles :

Si j'étais marchand de bois et si je n'avais spéculé que sur la valeur intrinsèque des bois actuels ; si j'avais eu l'intention d'entraîner les propriétaires dans le projet vandale et absurde, (qui pourtant, à ma connaissance, a trouvé une tête pour l'accueillir), de faire *table rase* de toute la Barousse ; c'eût été une bonne spéculation peut-être ; mais à coup sûr, j'aurais sacrifié à un présent tout profitable qu'il soit, un avenir dont on ne saurait prévoir *toute* la richesse.

Cet avenir séduisant ne sera réservé qu'à celui qui, non-seulement ne cherchera pas à aliéner des portions du Domaine, mais, au contraire, poursuivra le recouvrement de celles qui ont été envahies par des tiers, à celui qui, au lieu de tirer un parti immédiat de toutes les ressources des forêts, voudra bien préparer et attendre une plus large récolte ; à celui qui, en un mot, saura CONSERVER, ACCROITRE ET AMÉLIORER.

Tel est mon *but* :

Jusqu'à présent, en effet, ces forêts n'ont été administrées que par des fondés de pouvoirs de propriétaires éloignés ou insouciants. Tous les gérants qui se sont succédés, administrateurs infidèles et improbes, occupés de leur intérêt personnel à l'exclusion de celui des propriétaires, n'ont exploité ces forêts que par les moyens les plus aisés et les plus fructueux, sans examiner s'ils étaient les plus favorables à la Propriété.

Mais le jour où les nouveaux possesseurs (ou l'un d'eux seulement) viendront fixer leur demeure auprès de ce Domaine, ces immenses biens, dont le fonds est si riche et si fertile, acquerront très-rapidement la plus florissante prospérité.

L'œil du maître veillant sur eux et les protégeant, deviendra la première et la plus sûre garantie de succès, et, selon moi, il ne faut compter aussi, pour arriver aux brillants résultats que je vais énoncer, que sur cette puissance de l'œil du maître, dont la réputation est si justement établie, et qui sera seule capable de créer et maintenir une administration sage et intelligente, inconnue jusqu'à ce jour.

Par Récapitulation, les chapitres qui précèdent nous montrent en chiffres *réduits* les Bénéfices nets suivants, en 4 années :

1° Exploitation des ***Marbres*** ordinaires, non compris les marbres blancs, 90,000 fr. par an, soit pour 4 ans.	360,000 fr.
2° Exploitation des ***Mines***.	mémoire.
3° Exploitation des ***Traverses***, charbons, etc.	566,000 fr.
4° Exploitation de bois pour le commerce, planches, solives, etc., avec l'excédant des arbres abattus pour les traverses, en 4 ans.	480,000 fr.
5° Exploitation des Taillis, charbons, etc.	mémoire.
Total, sauf mémoires. .	1,406,000 fr.

J'ai discuté article par article, chacun des chiffres qui composent le total précédent, je crois être resté dans les limites d'une juste modération ; partout j'ai réduit les chiffres des bénéfices et augmenté celui des dépenses ; je me suis efforcé, en un mot, d'éviter tout reproche d'exagération.

Et je dois ajouter, en terminant, pour suivre les inspirations de ma conviction personnelle, que, malgré les bénéfices énormes qu'aura produits le Domaine de la Barousse, quatre années de soins et d'améliorations sur tous ses points auront, sans aucun doute, *doublé sa valeur actuelle*.

J.-O. TOURNIER.

Argentan, Décembre 1866.

www.ingramcontent.com/pod-product-compliance
Ingram Content Group UK Ltd.
Pitfield, Milton Keynes, MK11 3LW, UK
UKHW020434180726
13839UKWH00003B/1500

9 782329 218007